普通高等学校“十四五”规划数字装配式建筑系列教材

装配式建筑数字孪生综合演训技术培训手册

主编◎宝鼎晶（学院）
肖伟晋（企业）

主审◎郭保生（学院）
张一凡（企业）

参编 唐小方 陈晓旭 覃民武 汪 星
臧 进 许善文 梁 鑫 黄 强
麻森俊 寿胡滨

联合编制 广东白云学院
大雁教育科技（杭州）有限公司

华中科技大学出版社
中国·武汉

目　录

一、装配式建筑数字孪生综合演训技术项目介绍

（一）我国装配式建筑的发展前景

相较于传统浇筑建造模式，装配式建筑不仅能够有效地提高房屋建造质量的可靠度，还能避免冗长的施工周期，大大降低了建造过程中发生的人力成本。这对加快我国建筑行业的转型升级是十分有利的。因此，推广装配式建筑是建筑业实现工业化的必然过程。

我国装配式建筑的发展前景，主要从行业标准、技术人才、管理人才、施工机械、产业化经营五个方面来阐述。

第一，近年来，关于装配式构件的工业化体系和生产标准体系逐渐形成，但还需相关行业标准的出台逐步完善。

第二，相较于传统的房屋设计师，装配式建筑的设计师培养更为困难，需要具备良好的空间建模能力和良好的专业知识基础。目前，具备装配式建筑设计和施工技术能力的人才十分短缺，还需要不断培养具备良好专业知识的装配式建筑结构设计师。

第三，装配式建筑的专业性极强，需要充分协调建筑、结构、安装、水电、暖通等多个专业工程，需要对现场的施工管理人员提出很高的要求。但传统的建造管理模式不符合当前装配式建筑工程的管理要求，因此，需要尽快探索出一种适合装配式建筑施工的管理体系。

第四，现在，随着劳动力成本的升高，建筑业从业人员平均年龄的增长，节约劳动力的实际需求逐渐紧迫。因此，迫切需要能与装配式建筑工程相匹配的新型现代施工机械。

第五，预制构件的产业化经营体系逐渐建立，材料供应链逐渐完善、产销一体化逐渐发展。因此，产业化经营中的信息化建设工作、实现互联网平台的资源互通等方面问题，尤其突出。而信息化是走向国际化的必然过程，重视信息化基础设施建设，能够帮助企业更好地与国际接轨，体现企业的核心竞争力。

（二）装配式建筑数字孪生综合演训技术是数字化建造的新技术

由大雁教育科技(杭州)有限公司和广东白云学院推出的装配式建筑数字孪生综合演训技术培训采用的是国内先进的装配式建筑数字化技术与管理的培训模块，填补了国内的空白，其演训展台采用“IDT”实战演练系统，具有先进性、实用性，采用虚实结合的方式，使学生在实际操作中学会识图读图、各专业协同和施工管理等方面的技能，从而使学习者演训合格后，即可上岗。一期学习，终身享受免费技术服务。

（三）学习地点

粤港澳大湾区装配式建筑技术培训中心，中心配有现代化电教室、投影仪、三维 VR 虚拟仿真室、云平台、实体建筑样板。(特殊要求再协商。)

（四）培训模式

遵照标准化、正规化、一体化、实用化的培训理念，采用理论、实训、实操相结合，脱产和业余任选择的培训模式。

（五）教师团队

由广东白云学院及粤港澳大湾区装配式建筑技术培训中心的教授、专家和企业的工程师共同组成的联合教师团队，开展装配式建筑数字孪生综合演训技术培训。授课教师有：郭保生(教授)、覃民武(教授)、汪星(教授)、袁富贵(副教授)、臧进(博士)、梁鑫(博士)、宝鼎晶(工程师)、陈晓旭(讲师)、唐小方(讲师)。

（六）发证

培训合格后，由广东白云学院粤港澳大湾区装配式建筑技术培训中心、大雁教育科技（杭州）有限公司联合颁发培训合格证书。

二、装配式建筑数字孪生综合演训技术教学计划

课程名称	装配式建筑数字孪生综合演训技术		培训班级		
专业	土木工程	班级		层次	本科
本课程开课时间		本课程总学分	2 学分	本学期学分	2 学分
本学期教学周数	8 周	讲授	10 学时	实验(践)	21 学时
习题(讨论)	0 学时	机动	1 学时	总计	32 学时
主教材名称	装配式建筑数字孪生综合演训技术			主编	宝鼎晶 肖伟晋
出版社	华中科技大学出版社				

参考资料	书名	主编	出版社
	装配式建筑施工技术	袁富贵	华中科技大学出版社

说　明
按照粤港澳大湾区装配式建筑技术培训中心培训教学质量的要求，贯彻以学生为中心的理念，坚持“面向校园”“面向专业”“面向职业”的原则。全部教学内容包括：基本介绍；读图、识图；装配式施工技术要点；项目管理要点；实训沙盘操作、虚实结合的实体模型创建、多专业协同工作演训。

考核方案

序号	考核项目	权重	评价标准	考核时间
1	出勤	10%	全勤：100 分；迟到扣 10 分/次，旷课扣 20 分/次	第 1～8 周
2	课堂回答问题及作业	10%	课堂上回答教授问题的准确性和课堂作业的正确性	第 1～8 周
3	期中阶段性测验	20%	检查期中阶段的学习情况	第 4 周
4	期末课程考试(闭卷)	60%	综合知识达到教学大纲要求，依照标准答案评定	第 8 周

注：①培训教学计划依据培训大纲制订授课计划；②本计划由主讲教师填写，一式三份，经培训部主任签字后送教务处一份，培训部一份，主讲教师一份；③考核项目的类型不少于 3 个；④综合性考核类型为笔试。

主讲教师：＿＿＿＿＿＿　　　　培训部主任：＿＿＿＿＿＿

年　　月　　日

教学进度安排表

周次	课次	教学内容 （章节号、课题名称）	学时	授课方式	课外作业	备注
1	1	第1章　装配式建筑概述	1	授课		
1	2	第1章　装配式建筑概述	1	授课		
1	3	第2章　装配式建筑工程识图	2	授课		
1	4	第2章　装配式建筑工程识图	2	授课		
2	1	第3章　装配式建筑工程施工技术要点	2	授课		
2	2	第3章　装配式建筑工程施工技术要点	2	讲练结合		
3	1	第4章　装配式建筑工程施工管理	2	授课		
3	2	第4章　装配式建筑工程施工管理	1	讲练结合		
4	1	第5章　数字化综合实训演练系统	1	讲练结合		
4	2	第6章　装配式建筑施工技术演训任务指导——实训流程	2	讲练结合		
5	1	第6章　装配式建筑施工技术演训任务指导——项目管理员实训操作	2	上机操作		
5	2	第6章　装配式建筑施工技术演训任务指导——构件工艺员实训操作	2	上机操作		
6	1	第6章　装配式建筑施工技术演训任务指导——构件装配员实训操作	2	上机操作		
6	2	第6章　装配式建筑施工技术演训任务指导——土建施工员实训操作	2	上机操作		
7	1	第6章　装配式建筑施工技术演训任务指导——小组综合协同训练	2	上机操作		
7	2	第6章　装配式建筑施工技术演训任务指导——小组综合协同训练	2	上机操作		
8	1	第6章　装配式建筑施工技术演训任务指导——小组综合协同训练	3	上机操作		
8	2	机动	1			

注：本表可续。

三、“装配式建筑数字孪生综合演训技术”课程教学大纲

（一）课程描述

“装配式建筑数字孪生综合演训技术”是土木工程专业的一门专业核心课，是基于“IDT”实战演训系统及其装配式建筑施工技术应用为研究对象的一门综合性、实践性较强的课程，对培养学生装配式建筑施工技术相关工作能力具有重要作用，也是服务于应用型本科人才培养目标的一门重要课程。

通过本课程的学习，可了解装配式建筑的基本概念、常用术语，掌握装配式建筑工程施工管理的方法；掌握装配式建筑工程施工技术应用的关键要素。学生初步具备数字装配式建筑应用工程师素养，为今后在工作中运用装配式建筑施工管理知识来解决工程实际问题打下基础。

（二）前置课程

前置课程说明详见表1。

表1　前置课程说明

课程代码	课程名称	与课程衔接的重要概念、原理及技能
	建筑制图＋CAD	读图、识图、管理协调
	装配式施工＋项目管理	施工管理、专业协调、装配式施工流程

（三）课程目标与专业人才培养规格的相关性

课程目标与专业人才培养规格的相关性详见表2。

表 2　课程目标与专业人才培养规格的相关性

课程目标	相关性
知识培养目标：掌握装配式施工管理技术的基本理论和思维方法，以及装配式施工管理技术在项目建设全生命周期中的应用理念和方法；掌握建筑模型的创建方法和建筑构件族的制作方法；掌握运用装配式施工管理模型实现三维建模、建筑表现、工程量查询等的方法	C
能力培养目标：具有运用“IDT”实战演训系统创建装配式建筑单层和多层房屋的能力；具有工程实践所需技术、技巧及使用工具的能力	C
素质养成目标：具有作为一个工程技术人员必须具备的坚持不懈的学习精神，严谨治学的科学态度和积极向上的价值观；具有认清建筑行业的发展与动态的能力，以及较强的职业道德、敬业精神和社会责任感；具备良好的团队协作精神和人际沟通能力	A/B
专业人才培养规格	
A	具有良好的政治素质、文化修养、职业道德、服务意识、健康的体魄和心理
B	具有较强的语言文字表达、收集处理信息、获取新知识的能力；具有良好的团结协作精神和人际沟通、社会活动等基本能力
C	熟练掌握施工图设计程序，具备较强工程设计能力

（四）课程考核方案

（1）考核类型：“装配式建筑数字孪生综合演训技术”等级考核。

（2）考核形式：理论与实践相结合。

（五）具体考核方案

序号	考核项目	权重	评价标准	考核时间
1	出勤（学习参与类）	10%	全勤：100 分；迟到扣 10 分/次，早退扣 10 分/次，旷课扣 20 分/次，扣完为止	第 1～8 周随堂
2	作业完成情况（学习参与类）	10%	3 次作业，100 分	第 3、4、6 周
3	期中口头报告（阶段性测验类）	20%	小结性口头报告，100 分。准备充分，占 15%；表达清楚，占 15%；收获体会，占 70%	第 4 周
4	结业考核	60%	综合知识达到教学大纲要求，依照标准答案评定，颁发合格证书	第 8 周

由广东白云学院粤港澳大湾区装配式建筑技术培训中心、大雁教育科技（杭州）有限公司联合颁发的培训合格证书。

（六）课程教学安排

序号	教学模块	模块目标	教学单元	单元目标	课时	教学策略	学习活动	学习评价
1	IDT演训系统基本介绍	知识目标：了解IDT演训系统和展台的基本操作。 能力目标：掌握IDT演训系统的操作流程及建模方法。 素养目标：培养学生对IDT演训系统的学习兴趣	IDT演训系统基本介绍	知识目标：了解IDT演训系统的基本功能。 能力目标：熟练掌握IDT演训系统的各项功能及简单操作。 素养目标：认识IDT演训系统在装配式建筑施工技术应用中的重要性	1	讲授与演示	1. 课堂问答； 2. 展台操作练习	1. 展台操作结果展示； 2. 学生小组互评； 3. 老师逐一点评
2	装配式建筑工程识图与读图	知识目标：熟悉制图标准；识读土木建筑大类各专业图样。 能力目标：读懂建筑施工图，看懂配筋图、混凝土预制构件尺寸和厚度等。 素养目标：培养学生良好的空间思维能力、辨别能力	装配式建筑施工图的识读	知识目标：熟悉建筑类专业制图标准；识读与绘制平面图、立面图、剖视图、断面图、大样图；识读土木建筑大类各专业图样。 能力目标：读懂建筑施工图，看懂配筋图、混凝土预制构件尺寸和厚度等。 素养目标：培养学生良好的空间思维能力、辨别能力	2	讲授与PPT演示	1. 课堂问答； 2. 小组讨论	1. 学生小组互评； 2. 习题练习

续表

序号	教学模块	模块目标	教学单元	单元目标	课时	教学策略	学习活动	学习评价
3	装配式建筑施工技术要点与管理	知识目标:了解IDT演训系统和展台的基本操作。 能力目标:掌握IDT演训系统的操作流程及建模方法。 素养目标:培养学生对IDT演训系统的学习兴趣	装配式建筑施工技术要点	知识目标:了解装配式建筑施工的历史、现状、发展趋势;掌握装配式建筑施工的基本流程和施工方法。 能力目标:掌握装配式建筑施工技术的预制构件安装、现场材料吊装的工艺;掌握项目管理员、构件工艺员、构件装配员、土建施工员的操作规程。 素养目标:让学生具备良好的技术理论支撑	2	讲授与PPT演示	1. 课堂问答; 2. 小组讨论	1. 学生小组互评; 2. 习题练习
			装配式建筑施工管理与协同	知识目标:熟悉建筑施工现场管理的相关要点。 能力目标:能够从各专业角度合理掌控施工工序和施工方法,且能够协调各专业的操作流程,及时把控施工进度。 素养目标:培养学生良好的实际操作能力	2	讲授与PPT演示	1. 课堂问答; 2. 小组讨论	1. 学生小组互评; 2. 习题练习

续表

序号	教学模块	模块目标	教学单元	单元目标	课时	教学策略	学习活动	学习评价
4	IDT演训系统实际操作	知识目标：掌握装配式建筑施工实际操作。 能力目标：培养学生的组织管理能力、综合各专业解决问题的能力。 素养目标：培养学生良好的团结协作和勇于实践、敢于创新的精神	IDT演训系统实际操作	知识目标：熟悉装配式建筑施工的整个流程、施工工序、施工方法及实际操作要点。 能力目标：培养学生的组织管理能力、综合各专业解决问题的能力。 素养目标：培养学生良好的团结协作和勇于实践、敢于创新的精神	2	讲授与展台演示	1. 课堂提问； 2. 展台操作练习	1. 展台操作结果展示； 2. 学生小组互评； 3. 老师逐一点评

（七）装配式建筑数字孪生综合演训技术课程大纲基本内容

第1章 装配式建筑概述

装配式建筑是利用工厂预制的构件进行建造的一种新型建筑方式。它可以按照材料、结构体系和预制率等多个维度进行分类。装配式建筑的发展具有重要意义，因为它具有施工速度快、质量可控、节省劳动力等优势。然而，装配式建筑在发展过程中也面临一些问题，包括协同管理水平要求高以及人才培养的挑战。在国外，北美地区、欧洲和日本等地对装配式建筑的应用较为广泛。在国内，我国对装配式建筑的研发和应用也取得了一定的成绩。当前，我国重视装配式建筑的发展，并将其作为推动建筑业现代化发展的重要手段之一。数字孪生技术在装配式建筑实训教学中的应用也具有重要意义。数字孪生技术可以实现装配式建筑实训过程的虚实连接和实时交互，并提供个性化的教学资源和反馈。它还可以支持智能评价系统的构建，提供可靠有效的教学反馈。综上所述，基于数字孪生技术的装配式建筑智能实训教学具有重要意义，有助于推动装配式建筑的智能化发展和教育的创新。

第 2 章　装配式建筑工程识图

2.1　掌握建筑类专业制图标准，如图幅、比例、字体、线型样式、线型图案、图形样式表达、尺寸标注要求等

2.2　掌握正投影、轴测投影、透视投影的识读与绘制方法

2.3　掌握形体平面视图、立面视图、剖视图、断面图、大样图的识读与绘制方法

2.4　掌握土木建筑大类各专业图样的识读（例如，建筑施工图、结构施工图、设备施工

第 3 章　装配式建筑工程施工技术要点

3.1　掌握装配式施工技术的基本概念

3.2　掌握装配式施工技术一体化实训演练的特点与价值

3.3　了解装配式施工技术发展历史、现状和趋势

3.4　了解国内外装配式施工技术的标准

第 4 章　装配式建筑工程施工管理

4.1　了解装配式建筑施工的项目管理流程、协同工作

4.2　掌握装配式施工管理及方法

第 5 章　数字化综合实训演练系统

5.1　实训系统使用说明

5.1.1　实训流程说明

5.1.2　登录及准备界面操作

5.2　熟悉沙盘环境

5.2.1　熟悉信息化设计的概念与方法

5.2.2　熟悉装配式建筑工程项目流程

第 6 章　装配式建筑施工技术演训任务指导

6.1　了解装配式建筑施工协同操作的意义

6.2　"IDT"演训系统项目管理员实际操作

6.2.1　掌握"IDT"系统角色显示屏和沙盘环境的设置

6.2.2　熟悉信息化设计的概念与方法

6.2.3　熟悉装配式建筑工程项目管理流程及各专业操作审核

6.2.4 熟悉项目管理员操作规程

6.3 “IDT”演训系统构件工艺员实际操作

6.3.1 掌握“IDT”系统角色显示屏和沙盘环境的设置

6.3.2 熟悉信息化设计的概念与方法

6.3.3 了解装配式施工预制构件参数化建模的虚实结合特色，正确设置相关参数

6.3.4 熟悉预制构件的制作要求及几何信息的输入和修改

6.3.5 熟悉构件工艺员的操作规程

6.4 “IDT”演训系统构件装配员实际操作

6.4.1 掌握“IDT”系统角色显示屏和沙盘环境的设置

6.4.2 熟悉信息化设计的概念与方法

6.4.3 了解装配式施工预制构件参数化建模的虚实结合特色

6.4.4 熟悉预制构件的装配流程及相关参数的输入和修改

6.4.5 熟悉构件装配员的操作规程

6.5 “IDT”演训系统土建施工员实际操作

6.5.1 掌握“IDT”系统角色显示屏和沙盘环境的设置

6.5.2 熟悉信息化设计的概念与方法

6.5.3 了解装配式施工预制构件参数化建模的虚实结合特色，正确设置相关参数

6.5.4 熟悉接缝、节点、现浇层的控制流程及相关参数的输入和修改

6.5.5 熟悉土建施工员的操作规程

6.6 “IDT”演训系统各专业协同工作要求

6.6.1 掌握专业协同中的链接方式、项目管理面板、构件工艺员、装配员、施工员统一参数及建模标准等协同工作的方法

6.6.2 掌握构件装配过程中的错误提示和问题反馈的方法

6.6.3 掌握各专业间专业协调的审核要求、协调流程和调整原则

初步认识实训沙盘综合应用装配式技术的逻辑架构，了解实训沙盘所需要的专业技术知识范围以及应用原则。认识“IDT”装配式施工技术一体化实训演练操作系统及展台；学习装配式建筑 IDT 实战演练系统的使用说明。

策划编辑：胡 天 金
责任编辑：赵　　萌
封面设计：旗语书装

普通高等学校“十四五”规划数字装配式建筑系列教材

- BIMBase应用技术基础
- BUILDIPRO薄壁轻钢房屋结构深化设计基础
- 装配式建筑数字孪生综合演训技术
- 数字化装配式钢筋混凝土结构建筑施工技术
- 绿色建筑数字化设计与评价
- 装配式钢结构施工技术
- 装配式钢筋混凝土框架结构免支撑施工设计基础

ISBN 978-7-5680-9951-6

华 中 科 技 大 学 出 版 社
服务热线：400-6679-118
http://press.hust.edu.cn

定价：49.80元（含培训手册）